核与辐射安全科普系列丛书之九

核与辐射应急

环境保护部核与辐射安全中心　编著

中国原子能出版社

图书在版编目（ＣＩＰ）数据

核与辐射应急 / 环境保护部核与辐射安全中心编著 .
— 北京：中国原子能出版社，2015.12
（核与辐射安全科普系列丛书）
ISBN 978-7-5022-7034-6

Ⅰ . ①核… Ⅱ . ①环… Ⅲ . ①核防护 – 普及读物②辐
射防护 – 普及读物 Ⅳ . ① TL7-49

中国版本图书馆 CIP 数据核字 (2015) 第 315574 号

核与辐射应急（核与辐射安全科普系列丛书）

出版发行　中国原子能出版社（北京市海淀区阜成路 43 号　100048）
策划编辑　付　凯
责任编辑　付　真
装帧设计　井晓明　赵　杰
责任校对　冯莲凤
责任印刷　潘玉玲
印　　刷　北京新华印刷有限公司
经　　销　全国新华书店
开　　本　710 mm × 1000 mm　1/16
印　　张　2.75
字　　数　54 千字
版　　次　2015 年 12 月第 1 版　2017 年 10 月第 2 次印刷
书　　号　ISBN 978-7-5022-7034-6　　　定　价　18.00 元

订购电话：010-68452845　　版权所有 侵权必究

《核与辐射安全科普系列丛书》编委会

《核与辐射应急》编写人员

主　编

岳会国　刘圆圆

副主编

陈　鹏　岳　峰

编　委

陈　鹏　侯　杰　李　锦　刘圆圆　岳　峰　岳会国

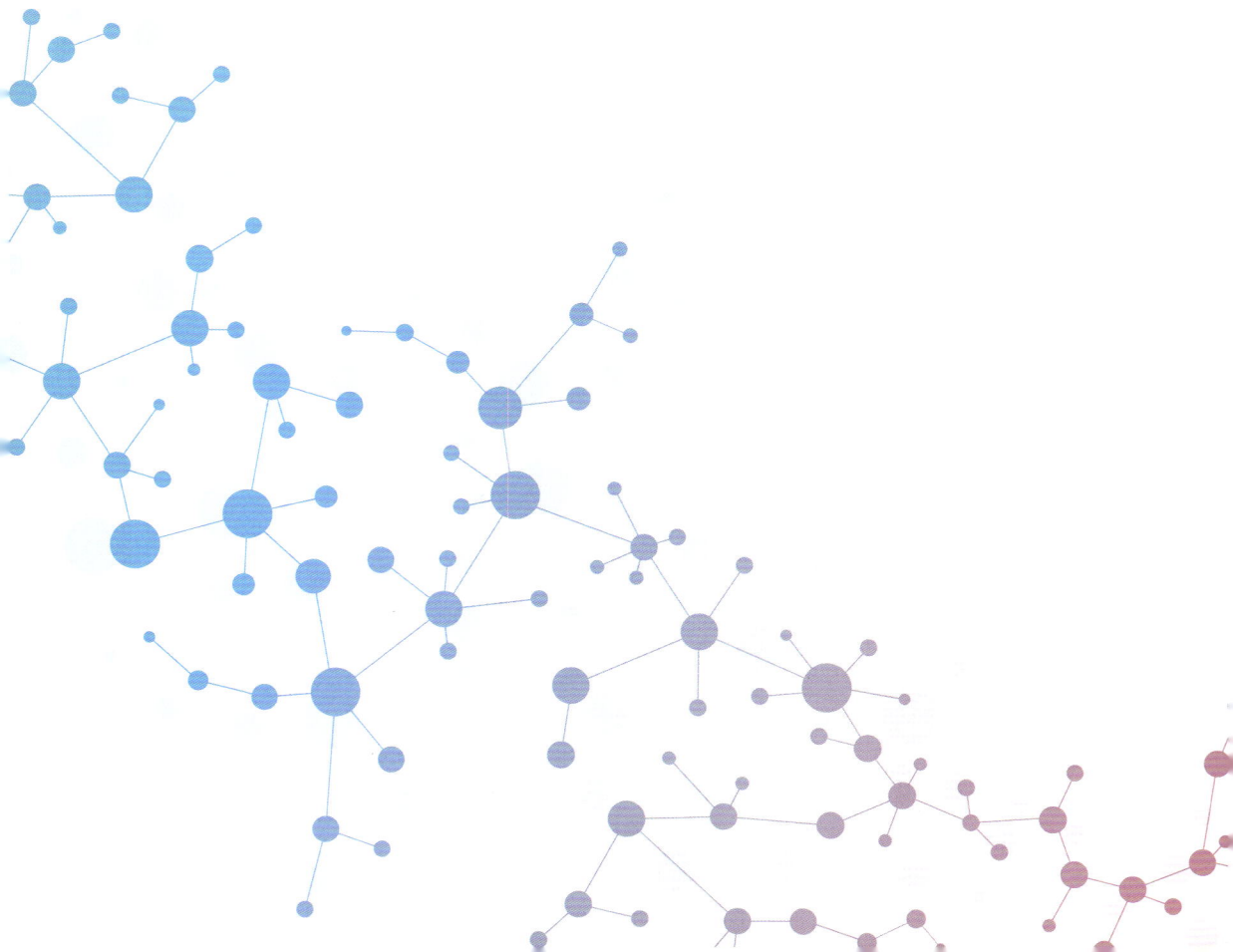

总　序

　　日本福岛核事故后，核电的安全性再一次在全球范围内引起广泛关注，但大多数公众对核能的认知还是停留在事故和灾难的阴影中。核电的社会接受度问题成为核能发展的重要瓶颈。就我国而言，还存在着公众对核与辐射知识匮乏，科普工作较为滞后，公众参与程度较低，信息公开透明程度不够，有效的信息反馈机制缺失等问题。因此，创新和完善核与辐射安全科普宣传体系和手段，提升核与辐射安全科普宣传实效，是提升国民科学素养，营造核电良好外部发展环境，提高公众对核电发展的接受度的有效途径，对促进核电事业安全高效发展具有重要意义。

　　为普及核与辐射安全知识，增强科普培训的针对性和有效性，国家核安全局核设施安全监管司委托环境保护部核与辐射安全中心制作针对不同对象的包括多媒体演示课件和配套文字资料的科普培训系列材料。经项目组多次讨论研究，目前该系列材料分为核能、核电、核燃料循环辐射环境影响和管理、核燃料循环、辐射防护、核技术利用、电磁辐射、核与辐射安全监管和核与辐射应急九篇，后续将根据需求进行续编。

　　本培训材料编写的目的，首先是让普通公众喜爱看，然后是看得懂，最后达到信任的目的，这是编写过程中一以贯之的理念。为保证科学性（写准），实用性（针对性），趣味性（喜闻乐见），编写过程中力求通过"三化"，即"专业化、通俗化、图示化"来实现上述"三性"。此外还要注意处理好专业与通俗，全面与片面，严肃与活泼，风险与利益，编写人的认知与公众的认知的平衡；同时结合时事热点，收集网络上错误的观点，通过反面问题来说明；尝试在编写中体现艺术感，具有一定的审美意识，表达核安全文化的人文关怀，这是更高一层的要求。

　　核能发展，科普先行，只有让更多的人走近核能、了解核能、信任核能——这一高效、清洁的非碳能源，核能才能实现高效安全的健康发展。

　　由于时间仓促，加之编写组实践经验和认识水平有限，难免有错误或不当之处，衷心盼望有关专家和广大读者不吝赐教，提出宝贵意见，以便改正。

《核与辐射安全科普系列丛书》编委会

2015年12月10日

序 一

随着文明的发展，人类在环境和能源问题上面临重大挑战，寻求清洁、高效、可靠的新能源势在必行。2015年联合国发展峰会上，中国发出了"探讨构建全球能源互联网，推动以清洁和绿色方式满足全球电力需求"的倡议，阐明了中国发展清洁能源的立场。为应对能源形势的新挑战，我国"十三五"规划中将能源结构调整作为下一阶段发展的主要着力点。积极推进能源供给侧改革，必须倚重清洁能源技术。核电作为清洁能源中一种成熟的基础能源，在改革进程中必将发挥重要作用。

积极推进核电建设不仅是我国重要的能源战略，也是国家"一带一路"和"走出去"战略的客观需求。近年来，我国风电、水电、太阳能等清洁能源和可再生能源获得突飞猛进的发展，但核电装机总量却仍处于低位。目前我国在运核电装机容量仅占电力总装机容量的2%左右，而一些发达国家则远高于此。如核电占比世界第一的法国，其核电装机容量占比高达77.7%，韩国为34.6%，俄罗斯为18%，美国将近20%。即便顺利实现规划目标——到2020年，我国在运在建核电总装机容量达到8 800万千瓦，其在我国能源总规模中占比仍然不大。为此，必须积极推进核电的安全高效发展。

我国运行核电机组安全业绩良好，迄今未发生国际核事件分级（INES）2级及其以上的运行事件，运行指标普遍处于世界核电运营者协会（WANO）中值以上，核设施周边环境辐射水平处于正常范围，核电厂的核辐射安全都处于受控状态。即便如此，仍然有许多公众对核与辐射安全不够了解，甚至存有误解。自日本福岛事故以来，人们似乎谈"核"色变，一方面斥责火电高能耗、高污染，一方面对核电的安全性存在顾虑。与此同时，国家对维护公众在重大项目中的知情权、参与权和监督权也愈加重视，公众意见已成为核能及相关项目能否落地的决定性因素之一。多方因素表明，核与辐射安全相关的科普宣传及与公众的沟通亟待加强。

《核与辐射安全科普系列丛书》首次从监管的视角，立足于核与辐射安全，从多个角度较为系统、全面地介绍了核能利用及其监管、核与辐射安全相关知识。系列丛书分为核能、核电、核燃料循环辐射环境影响和管理、核燃料循环、辐射防护、核技术利用、电磁辐射、核与辐射安全监管以及核与辐射应急等九个部分，丛书坚持以科学性为本，兼顾趣味性和通俗性，图文并茂，深入浅出。语言、示例贴近生活，形象又不失准确；数据、结论来源权威，审慎且不失活泼。为大家了解核能、核技术及核与辐射安全提供了一套较为容易"读懂"的读物。

写一套好的科普读物并非易事，好的科普书在于唤起公众的兴趣、提升人文情怀和传播正能量，相信这套丛书将把核电的安全和环保介绍给公众，更促进我国核电的安全高效发展。同时希望读者多提宝贵意见和建议，以便及时修订完善。最后，衷心感谢编者们为我国核能利用发展、公众沟通和环境保护所做的努力和贡献。

序 二

　　正处在工业化、城镇化发展阶段的中国，在追求经济发展同时也肩负生态文明建设的艰巨任务，可靠、稳定、安全、清洁、低碳的电力供应是国家经济发展和生活稳定的必要条件。面对环境治理和气候变化的挑战，安全、高效地发展核电是中国走向能源清洁化、低碳化的重要选择。核能利用，是一种大规模产生能源的方式，神奇但是并不神秘，如果管理得当，它将为我们带来巨大的社会效益。然而，就在我国意在大力发展核电的同时，却遭遇到了重重阻力。2016年4月1日，习近平在第四届华盛顿核安全峰会上的讲话中说，"学术界和公众树立核安全意识同样重要。我们还要做好核安全知识普及，增进公众对核安全的理解和重视。"国家核安全局局长李干杰曾指出，目前核电发展面临的最大的问题、最大的约束和瓶颈，不是技术问题，而是公众沟通、公众可接受度的问题。

　　公众对核与辐射安全的接受度与其对核与辐射安全的认知、态度、行为有着极其重要的关系。改变及提升公众的认知、态度、行为，必须开展行之有效的公众沟通工作，而科普宣传则是公众沟通工作中重要的一环。核与辐射事件和事故作为当前重要的突发环境事件，如果处置不当，就可能引发远超事故本身影响范围的社会公共事件，科普宣传开展的好坏直接影响涉及或参与事件人的反应，成为影响事件应对好坏的关键所在。比如2009年河南杞县的卡源事件最终演变为大规模的公众恐慌事件，究其主要原因是公众对放射源知识的缺乏。我国虽然很早就开展了核能和核技术开发利用工作，但长期以来对核与辐射安全文化的宣传和培育不足，大多数人的核与辐射知识十分匮乏，加上一些不恰当的宣传和误导，给核科学技术蒙上了一层神秘的面纱，公众对于核与辐射极度敏感，谈核色变。

《核与辐射安全科普系列丛书》从核能、核电、核燃料循环辐射环境影响和管理、核燃料循环、辐射防护、核技术利用、电磁辐射、核与辐射安全监管以及核与辐射应急九个方面，用尽可能通俗易懂的语言全面、系统地将核能与核技术利用的方方面面进行了讲解。

当然，由于在专业性和通俗性的统一上，存在一定的难度，该系列丛书难免会有一些瑕疵和不足，但是编者们在核与辐射安全知识科普工作中表现出的社会责任感和探索精神值得尊崇。且这类科普读物正是目前我国核电发展和社会公众所急需的，希望大家通过阅读这套丛书，既能认识到核能和核技术造福人类的巨大价值，同时也能正确理解核与辐射对环境和人类的影响及其潜在危害性，增强理性应对涉核事件事故的能力，促进核能与核技术更好地造福于人类。

潘自强

前　言

　　本篇通过福岛核事故引入最后一道屏障核与辐射应急工作的重要性，并从六个章节进行了生动详细的介绍。第一章《应急·低调的核安全守护者》先向大家介绍了什么是核与辐射事故，如何去判断这些事故的等级，核应急究竟是什么？接着，在剩下的五个章节《有效组织·临危不乱》《做足准备·应对挑战》《别慌·这样做可以保护你》《强大的技术支持·科学决策的保障》《应急·我们时刻准备着》，分别介绍我国的应急组织体系，我国应急准备工作是怎样开展的，一旦出现事故时，如何保护自己免受危害，最后介绍我国强大的技术支持保障和日常是怎样确保应急工具是可靠的、可用的。

　　本篇由岳会国、刘圆圆主编，陈鹏、侯杰、李锦、岳峰参与编写。其中第一章由侯杰执笔，刘圆圆校核；第二章由刘圆圆执笔，侯杰校核；第三章由陈鹏执笔、岳会国校核；第四章由岳峰执笔，李锦校核；第五章由李锦执笔，岳峰校核；第六章由岳会国执笔，陈鹏校核。

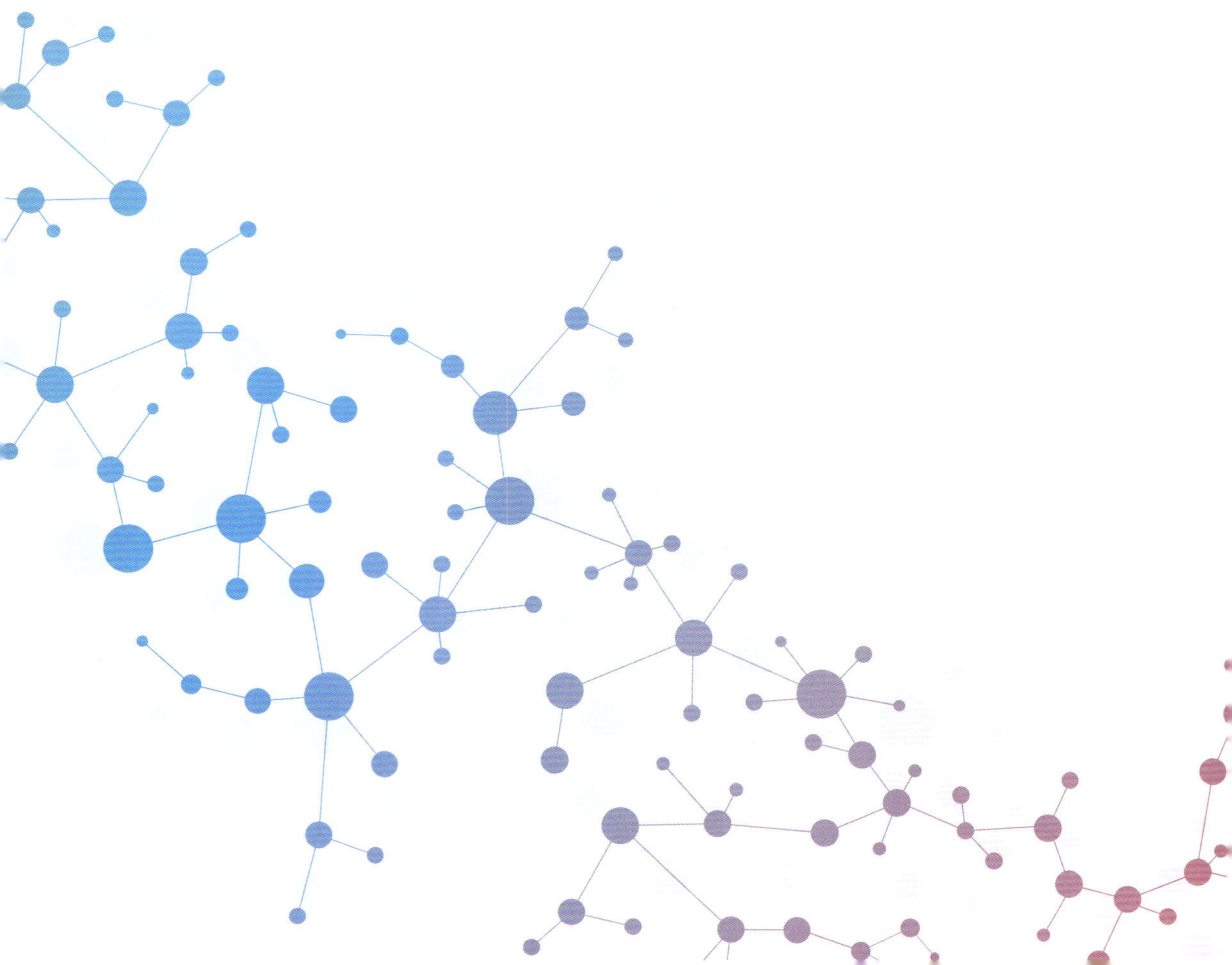

目　录

第一章
应急·低调的核安全守护者

谈到核事故，大多数人都充满着恐惧和疑惑。一个个问题会浮现脑海：核电厂会像原子弹那样爆炸吗？发生核事故时我们普通人该怎么办？核应急是怎么回事？那么，这里就给大家介绍一下核与辐射事故以及应急的科普小知识。

核事故是指大型核设施（例如核燃料元件厂、核反应堆、核电厂、核动力舰船及后处理厂等）发生的意外事件，可能造成厂内人员受到放射损伤和放射性污染。严重时，放射性物质泄漏到厂外，污染周围环境，对公众健康造成危害。

历史上，发生过三次重大的核事故，它们分别是：

（1）1979年，美国三哩岛核事故（见图1-1）

图1-1　三哩岛核电厂

（2）1986年，前苏联切尔诺贝利核电厂事故（见图1-2）

图1-2　切尔诺贝利核电厂

（3）2011年，日本福岛核电厂事故（见图1-3）

图1-3　福岛第一核电厂

第二节　辐射事故

了解了核事故，我们来介绍一下什么是辐射事故。

辐射事故主要指除核事故以外，放射性物质丢失、被盗、失控，或者放射性物质造成人员受到意外的异常照射或环境放射性污染事件[1]。例如：2014年发生在南京的放射源丢失事故（见图1-4）。

辐射事故主要包括：

（1）放射源、放射性物质丢失、被盗、失控以及造成环境放射性污染事故、射线装置运行失控导致人员超剂量受照事故；

（2）核技术利用中发生的辐射事故；

（3）放射性废物处理、处置设施发生的辐射事故；

（4）伴生矿开发利用中发生的环境辐射污染事故；

（5）放射性物质运输中发生的事故；

（6）国内外航天器在境内坠落造成环境辐射污染事故；

（7）可能对环境造成辐射影响的辐射事故；

（8）各种灾害引发的次生辐射事故；

（9）其他可能出现的辐射事故。

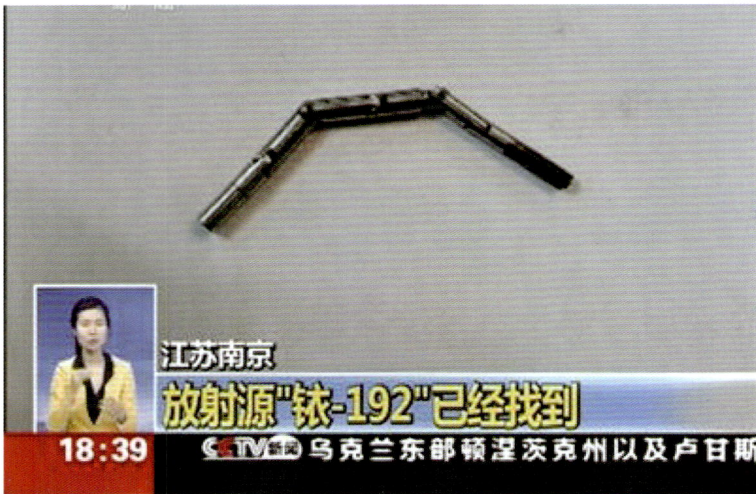

图1-4　南京丢辐射源事故（CCTV 10　科技博览）

第三节　国际核和放射事件分级

为了以统一方式及时向公众通报有关核事件和放射事件的安全重要性，国际原子能机构（IAEA）和经济合作与发展组织核能署（OECD/

NEA）共同制订了国际核事件分级表（International Nuclear EventScale, INES）[2]。

将核事件分为7个级别：1级到7级的严重性逐级递增，1级至3级称为"事件"，4级至7级称为"事故"（见图1-5）。

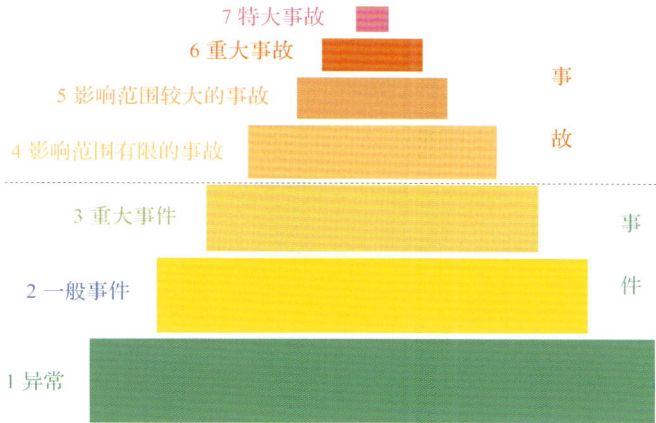

图1-5　INES分级（简化版）

历史上发生的美国三哩岛事故、前苏联切尔诺贝利事故和日本福岛核事故分别定义为5级、7级和7级。

第四节　纵深防御

知道了核与辐射事故的分级，下面我们来聊一聊什么是"纵深防御"。对于核电厂来说，纵深防御的原则就是在核电厂的设计、建造、运行过程中采用多层保护，在放射性裂变产物与公众环境中设置多层屏障，对放射性物质进行多级防御措施（见图1-6）。

核电厂纵深防御包括五道防线：

第一道防线：保证设计、制造、建造、运行等质量，建立严格的制度和必要的监督，预防核电厂偏离正常运行。

第二道防线：严格执行运行技术规范，使机组运行在设计限定的安全区间以内，及时检测和纠正偏差，对非正常运行加以控制，防止它们演变成事故。

第三道防线：万一偏差未能及时纠正，发生设计基准事故，自动启用核电厂安全系统和保护系统，组织应急运行，防止事故恶化。

第四道防线：万一事故未能得到有效控制，启动事故处理规程，实施事故管理策略，保证安全壳不被破坏，防止放射性物质外泄。

第五道防线：即使在极端情况下，以上各道防线均告失效，进行场外应急响应，努力减轻事故对公众和环境的影响。

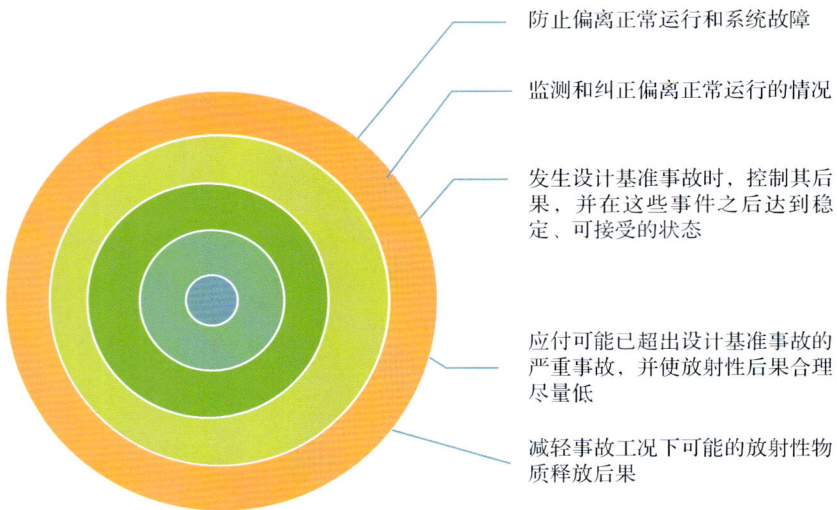

防止偏离正常运行和系统故障

监测和纠正偏离正常运行的情况

发生设计基准事故时，控制其后果，并在这些事件之后达到稳定、可接受的状态

应付可能已超出设计基准事故的严重事故，并使放射性后果合理尽量低

减轻事故工况下可能的放射性物质释放后果

图1-6　纵深防御概念

第五节　核应急

纵深防御的原则贯穿整个核安全领域，其中最后一道屏障——核应急，对于保护公众，保护环境，发挥至关重要作用（见图1-7）。

图1-7　核应急的重要性

（编写：侯杰；校核：刘圆圆）

「迷你锦囊」

核电厂会像原子弹一样爆炸吗？

答：不会。核爆炸需要高浓度的浓缩铀（纯度90%）以上，才能在临界质量之上维持足够的链式反应来爆炸；而核电站用的燃料是低浓度铀（4%左右），主要是采用其热效应来产生高压水蒸汽推动发电机发电，因此不会发生核爆炸。不过若发生故障可能会引起高压蒸汽等高压气体的爆炸。"

第 ② 章
有效组织·临危不乱

第一节　核事故应急组织体系

核事故应急管理工作方针原则[1]：

常备不懈，积极兼容，统一指挥，大力协同，保护公众，保护环境。

我国实行国家、省（自治区、直辖市）核设施营运单位三级核应急组织管理体系，如图2-1所示。

国家核应急协调委负责组织协调全国核事故应急准备和应急处置工作。日常工作由国家核事故应急办公室（以下简称国家核应急办）承担，，设在国防科工局。

第二节　辐射事故应急体系

辐射事故应急管理工作方针原则[3]：

以人为本、预防为主，统一领导、分类管理，属地为主、分级响应，专兼结合、充分利用现有资源。

我国实行环境保护部、省二级辐射应急组织管理体系。

一、 环境保护部（国家核安全局）承担的辐射事故应急任务

（1）制定环境保护部辐射事故应急预案，并做好应急准备工作；

（2）指挥特别重大辐射事故（一级）的处理，协调跨省区域辐射事故的处理；

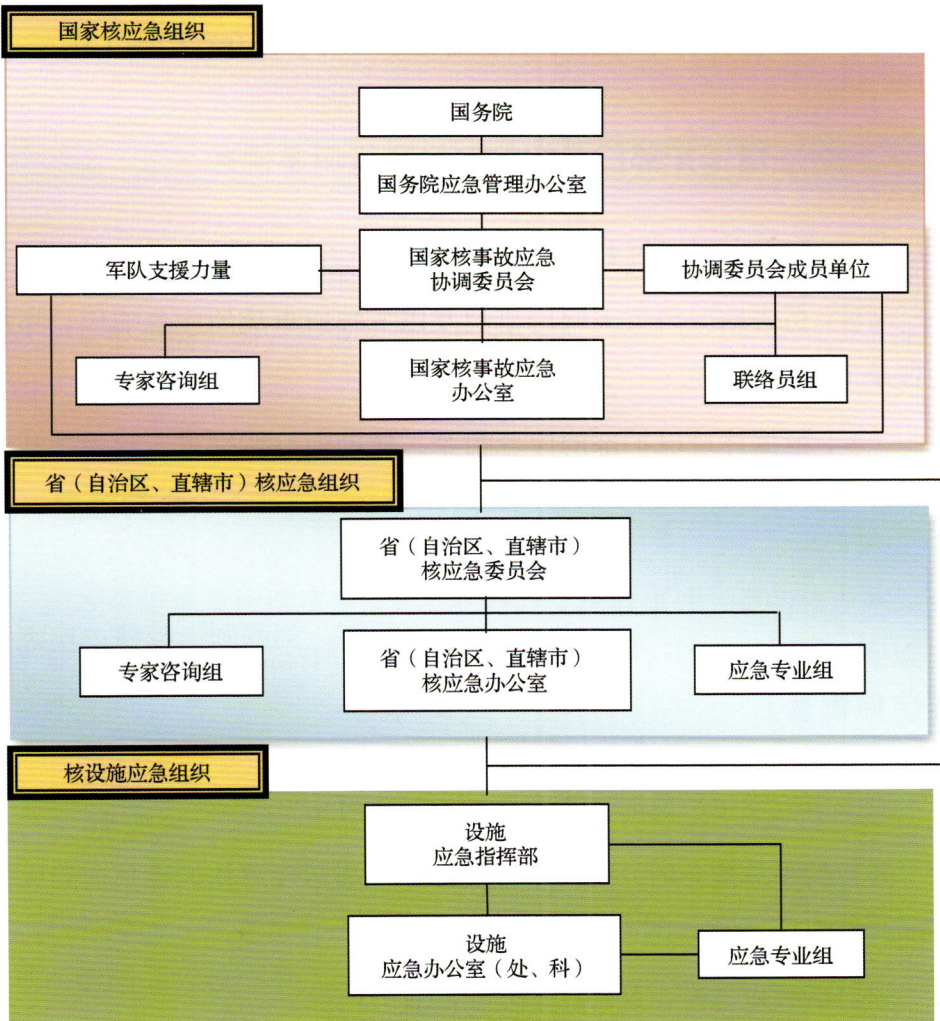

图2-1 我国核事故应急组织体系示意图

三、场区应急

核设施的工程安全设施可能严重失效，安全水平发生重大降低，事故后果扩大到整个场区，场区边界以外的所有区域，其放射性照射水平不会超过紧急防护行动干预水平。这种情况下，场外公众一般不需采取防护行动，但应密切关注地方政府的通知。

四、场外应急

事故后果超越场区边界，场外某个区域的放射性照射水平大于紧急防护行动干预水平。场外应急的进入必须得到场外应急组织的批准，场外应急进入后应立即采取行动缓解事故后果，实施场内、场外应急防护行动，保护工作人员和公众。场外公众应听从地方政府统一指挥，按照应急计划有序、高效采取防护行动。需要说明的是，不是所有的核设施都存在场外应急的可能，需要根据假想事故分析结果来慎重确定。

第二节　辐射事故分哪几级

辐射事故根据事故的性质、严重程度、可控性和影响范围等因素分为特别重大辐射事故、重大辐射事故、较大辐射事故和一般辐射事故四个等级。不同的级别对应不同的界定标准。发生辐射事故，一般不需要采取大规模的公众防护行动，根据需要，公众应配合地方政府开展应急响应行动。

第三节　如何保证应急时的设备和物资需求

　　为了及时、有效地对事件/事故作出响应，保障场内应急响应活动得以顺利实施，营运单位根据法规要求设置了应急设施。主要包括：控制室、辅助控制点或备用控制室、运行支持中心（或支持点）、技术支持中心（或支持点）、应急指挥中心（应急控制中心）（见图3-1、图3-2）、公众信息中心、应急通信系统、监测评价系统、防护设施、应急撤离路线和集合点、医疗设施等。设施内配置了必要的设备、物资、文件。需要说明的是，不同类型营运单位配置的应急设施种类可能存在差异，但在正式运行前都已经通过国家核安全局的评审，可以保证应急需要。

图3-1　应急控制中心

图3-2　应急指挥部

（编写：陈鹏；校核：李锦）

「迷你锦囊」

哪些区域的公众需要做好应急准备?

答：在应急计划区内的公众需要做好应急准备，其中烟羽应急计划区内的公众应做好能在应急情况下隐蔽、撤离和服碘防护的准备；食入应急计划区内的公众应做好应急情况下食物和饮水的辐射监测和控制等准备。

第四章
别慌·这样做可以保护你

　　首先我们要明确的是，并非所有的核事故都会对周边环境和公众造成伤害，只有那些事故状态达到场外应急并且放射性物质扩散到环境中的核事故才有可能出现环境的放射性污染和公众的放射性伤害。而且这种污染和伤害也会因为采取了及时、恰当的防护措施而得到缓解或避免。本节就从核事故中辐射途径和防护行动两个方面进行说明。

第一节　辐射怎样伤害你

　　核事故引起的对公众的照射，可能来自很多照射途径，我们只有了解了照射途径才能有针对性地加以防护。辐射对人体的伤害总的来说可以分为内照射和外照射。顾名思义，内照射就是放射性物质随着呼吸的空气或吃喝的食品、饮品进入人体后形成的持续性辐射，这种照射只有随着放射性物质的自然衰变或者人体代谢而减轻，专业医学处理也可能加快代谢的速度；而外照射就是放射性物质在体外（如空气中、地面或建筑物表面、皮肤衣物表面）对人体造成的照射，当人员离开受污染的环境或者对放射性物质进行洗消，这种照射就会停止。

具体的照射途径主要有：

（1）烟羽外照射：也称烟羽浸没外照射、烟云外照射，是由烟羽中的放射性物质产生的外照射；

（2）地面沉积外照射：是由沉积在土壤、地面、道路等表面的放射性物质产生的外照射；

（3）皮肤、衣服的沉积外照射：是由沉积于皮肤或衣服上的放射性物质产生的外照射；

（4）烟羽吸入内照射：是因吸入烟羽中放射性物质产生的内照射；

（5）食入内照射：是因食入被放射性物质污染的食物或水产生的内照射。

第二节　防护措施怎样保护你

防护行动也叫作防护措施，是指用于防护公众免受或少受辐射照射而采取的带有强制性的保护措施。目前，主要防护措施包括：隐蔽、服用稳定碘、撤离、食物和饮水控制、人员去污、个人呼吸道和体表防护、通道控制、地区去污和医学处理等（见表4-1）。

稳定性碘：指含有非放射性碘的化合物，当事故已经导致或可能导致释放碘的放射性同位素的情况下，将其作为一种防护药物分发给居民服用，以降低甲状腺的受照剂量。

隐蔽：指人员停留于（或进入）室内，关闭门窗及通风系统，其目的是减少飘过的烟羽中的放射性物质的吸入和外照射剂量，也为了减少来自放射性沉积物的外照射沉积物的外照射剂量。

撤离：指将人们从受影响区域紧急转移，以避免或减少来自烟羽或高水平放射性沉积物质产生的高照射量，该措施为短期措施，预期人们在预计的某一有限时间内可返回原地区。

临时安置：指人们从某一受事故影响区迁移出，并将在一延长的但又是有限的（尽管经常是难以较准确预计的）时间（一般不大于1年）内返回原地区，以减少来自地面沉积放射性产生的较长时间的外照射。

长期安置：也是指人们从某一受事故影响区迁移出，但这种迁出无法预期能在可预见的将来返回原地区，是针对长寿命放射性核素地面沉积而采取的防护行动。

表4-1 主要防护措施相对于不同照射途径和不同事故阶段的适用性

防护措施	针对的主要照射途径
隐蔽	来自烟羽和地面沉积的外照射； 烟羽中放射性物质的吸入内照射； 沉积于皮肤或衣服的放射性物质引起的内、外照射
服用稳定碘	吸入放射性碘引起的内照射； 食入放射性碘引起的内照射
撤离	来自烟羽和地面沉积的外照射； 烟羽中放射性物质的吸入内照射； 沉积于皮肤或衣服的放射性物质引起的内、外照射
临时安置、 长期安置	地面沉积外照射； 食入污染的食物和水引起的内照射； 吸入再悬浮放射性物质产生的内照射
食物、饮水控制（包括动物饲料限制）	食入污染的食物和水引起的内照射； 食物链放射性核素转移引起的内照射
人员去污	沉积于皮肤或衣服的放射性物质引起的内、外照射

续表

防护措施	针对的主要照射途径
呼吸道和体表个人防护	吸入放射性物质引起的内照射； 沉积放射性的外照射
通道控制	各种内、外照射
地区去污	沉积放射性的外照射； 食入或吸入内照射； 吸入再悬浮放射性物质产生的内照射
医学处理	内、外照射

　　不同的防护措施，减少辐射照射危害的效果不同，可能产生的危害、付出的代价以及遇到的困难也不同，例如长期的隐蔽会产生精神压力和生活不便，撤离可能出现交通事故，服用稳定碘片可能有副作用发生等。为了保证核应急响应时采取干预的正当化和最优化，实施有效的防护措施，需要对各种主要防护措施进行利益代价分析。

　　根据实施防护措施的启动时间和持续时间，将防护措施分为紧急防护措施和长期防护措施。紧急防护措施是指在发生紧急情况时为了有效期间必须迅速（通常在数小时内）采取的防护行动，如有延误将明显降低其有效性。在核或辐射应急情况下，最常考虑的紧急防护行动是撤离、隐蔽、人员去污、呼吸道防护、服碘防护，以及限制可能受污染的食品、水的消费和医学处理等。较长期措施是指不属于紧急防护措施的防护措施。这类防护措施可能要持续数周、数月甚至数年。较长期防护措施包括临时避迁、永久性定居、地区去污等。

　　预防性紧急防护措施是紧急防护措施的一种特例，它指在放射性物质释放前或释放后不久或在照射发生前采取的紧急防护措施。实施预防性防护措施的目的是防止或减少发生严重确定性健康效应的危险，它主要根据设施的主导状况（例如事故工况）而进行。

（编写：岳峰；校核：李锦）

「迷你锦囊」

普通碘盐能否预防辐射？

答：市面哄抢碘盐是绝对不科学也是不可行的。

碘盐中碘的存在形式是碘酸钾（KIO_3），在人体胃肠道和血液中转换成碘离子被甲状腺吸收利用。我国规定碘盐的碘含量为30毫克/千克。按人均每天食用10克碘盐计算，可获得0.3毫克碘。而碘片碘的存在形式是碘化钾（KI），碘含量为每片100毫克。按照每千克碘盐含30毫克碘计算，成人需要一次摄入碘盐约3千克，才能达到预防的效果，远远超出人类能够承受的盐的摄入极限。

第五章
强大的技术支持·科学决策的保障

第一节　核事故后果评价有何意义

核事故后果评价是根据放射性物质的释放或潜在释放，利用获得的核设施运行状态参数和环境监测数据，评价事故状态及其后果，为核事故应急提供技术支持，是核事故定级、干预、防护和救援等各项工作决策的重要依据。

第二节　怎样进行核事故后果的评价

以核电厂事故后果评价为例，一般来说，对核事故剂量后果评价需要三个基本步骤[4]：

（1）预测放射性物质的释放量和释放时间；

（2）预测烟羽的移动，包括气象场和放射性核素浓度场的计算；

（3）预测烟羽所致剂量和剂量造成的健康效应。

几乎所有的核事故后果的计算模式，不管是复杂的还是简单的，均由以上三大基础模块组成。通常在事故发生的不同阶段，由于评价的目的和内容的不同，后果评价模式的复杂程度和参数选取的类型并不完全相同。

目前，国内外已研发出了各类成熟的事故后果评价与决策支持系统，成功应用应急计划、应急演习以及应急响应中。在核应急状态下，事故后果评价人员只需要输入核设施运行状态参数和环境监测数据，就可以利用软件方便和快速地得到评价结果，无需再去面对庞大、复杂的计算过程。以我国自行设计、建造和运营管理的第一座核电厂——秦山核电厂为例，实时剂量评价系统由中国辐射防护研究院于1992年完成，包括实时评价系统、快速评价系统、快速估算手册和风洞模拟实验4个部分，在数据输入后10分钟就可以给出输出结果。

第三节　应急监测有哪些手段

应急监测数据是事故后果评价的重要输入条件，事故后果估算则可以预测受影响的方位和范围，反过来对环境监测的方位和范围进行指导。

应急监测要求在尽可能短的时间对放射性污染物的种类、浓度、污染程度和范围等作出判断，准确和快速地获得监测结果[5]。在我国三级应急体系中，均要求对应急监测的内容及安排作出规定。福岛核事故后，国家核安全局对应急监测工作提出了更高的要求[6]，要求在核电厂场内应急计划中将应急监测内容设为独立章节，结合应急监测方案进行独立审评。特别是在监测设施设备方面，应急监测应遵循与常规辐射监测积极兼容的原则，利用已有的辐射监测仪器设备作为核应急监测的预警系统和测量手段，配备专门的移动式监测手段，同时考虑到极端外部事件导致环境监测设施不可用的情况，应急监测仪器设备在数量上还应保证一定的冗余度。

以核电厂为例，事故早期应急监测包括采样和现场测量。采样主要是指空气、气溶胶、水和土壤等重要环境介质的快速采集，现场监测则可通过就地测量、车载巡测、航空测量和海上监测进行，以实现对环境空间三维立体性监测和监控，如图5-1所示。

福岛核事故发生后，国内外核应急监测工作迅速启动，为核事故后果评价和应急决策提供了重要依据[7-9]。其中，东京电力公司和日本文部科学省快速启动移动监测车，对空气吸收剂量率实时监测，美国能源部进行了航空监测。我国启动国家辐射环境监测网，70个自动站连续测量环境空气吸收剂量率，实时监控环境中辐射水平，并每3小时在环保部网站更新公布一次。核与辐射安全中心及黑龙江、吉林、辽宁、河北、天津、山东、江苏、上海、浙江、福建、广东等省份监测机构组织了19个移动应急监测组，赴靠近日本的沿海或敏感区域的20个沿海城市设置了52个移动监测点，并在全国范围内还设置了惰性气体、气溶胶、气碘、土壤、水体和沉降物采样点共计200余个。环境辐射监测数据表明，我国环境外照射水平未受到影响。

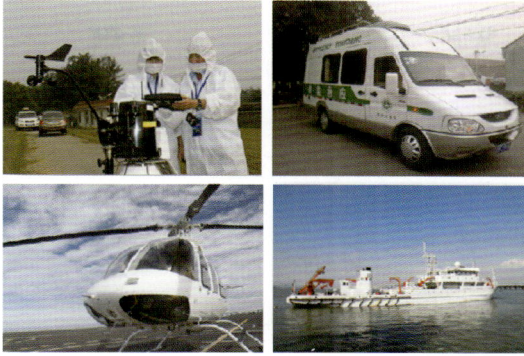

图5-1 应急监测手段

（编写：李锦；校核：岳峰）

「迷你锦囊」

事故后果评价只用于核事故发生之后吗？

答：不是。事故后果评价并不局限于核事故发生期间或发生之后，还可以用于潜在核事故所造成风险评估，例如核设施选址阶段的安全分析、环境影响评价、概率风险评价、应急计划以及应急演习中。

第六章
应急·我们时刻准备着

第一节　积极培训

　　为使应急人员熟悉和掌握应急计划基本内容，具有完成特定应急任务的基本知识、专业技能和响应能力，建立了应急培训机制。培训内容、培训周期、培训方式等按照国家核与辐射应急法规执行。为保证培训效果，对培训情况均进行了考核、评估，并形成记录。

第二节　常演常练

一、核事故应急演习

　　核事故应急演习是应急组织整体响应能力保持的重要手段，是应急准备的重要内容之一，目的是通过模拟应急响应的行动，检验应急计划的有效性、应急准备的完善性、应急响应能力的适用性、应急人员的协同性以及应急设施的有效性。为保证演习效果，国家核安全局会组织监督检查组对一些演习进行监督评估。

按演习涉及范围，应急演习通常分为单项演习（练习）、综合演习和联合演习三个类型。所有应急演习都应具有检验性。其中，联合演习是需要核电厂周围部分公众参加的。

单项演习是为保持或评价应急组织或应急响应人员执行某一特定应急响应功能的技能与能力而进行的较小范围的有组织的训练或操作。每年至少进行一次，通讯及数据传输系统的练习则要更多些。

综合演习是场内、场外应急组织为提高应急组织的综合响应能力、检查应急计划和程序的有效性，以及加强各应急组织各组成部门或单位之间的协调配合程度，组织负有应急任务的全部或主要单位进行的演习。至少每2年举行一次，但对拥有3台及3台以上机组的营运单位，综合演习频度应适当增加。

联合演习是场内、场外应急组织为提高应急响应能力，特别是协调配合能力，按统一的演习情景，组织所属应急组织的全部或主要单位联合进行的演习。在运行阶段，联合演习要每5年至少一次。在核动力厂首次装料前，应举行一次有省（自治区、直辖市）核应急组织参加的联合演习。

二、辐射事故应急演习

辐射事故应急演习旨在检验应急预案及其配套实施程序的有效性、应急准备的完备性、应急设施设备的可用性、应急能力的适应性和应急人员的协同性，同时为修订应急预案提供实践依据。

应急演习分为综合演习和专项演习。

综合演习是为了全面检验、巩固和提高环境保护部核与辐射应急组织体系内各应急组织之间的相互协调和配合，同时检查应急预案和程序的有效性而举行的演习。

专项演习是为了检验、巩固和提高应急组织或应急响应人员执行某一特定应急响应技能而进行的演习。

综合演习每两年举行一次。专项演习应按应急响应组织类别和具体响应任务定期举行。

第三节　24小时待命

一、应急值守制度

按照"常备不懈"的应急准备方针，为保证在电厂发生突发事件时，应急组织能及时有效地启动，核设施营运单位建立了应急岗位值守制度。根据应急响应需要，应急组织机构中各级应急岗位均确定了应急岗位担当人员和应急岗位替代或轮值人员。应急岗位值守人员信息表编制时，禁止一人身兼两个应急岗位。在整个值守期间内，应急值守人员处于随时可响应的状态，并在应急启动时按规定及时到岗。

国家核安全局也在开展应急值守工作，实行手机24小时值班方式。在整个值守期间内，应急值守人员处于随时可响应的状态，并在应急启动时按规定及时到岗。图6-1给出了国家核安全局应急值守大厅及软件界面的照片。

图6-1 应急值守

二、应急响应人员的增援和替换

应急响应期间，当应急人员需要增援时，应急总指挥可通知相关岗位人员增援。在应急响应行动中，应急总指挥将根据情况命令秘书组安排人员轮换，在与替换人员办理完工作交接之前，原应急响应岗位的人员不得离岗。

三、集团应急支援

我国成立了三支核电集团核电厂核事故场内快速支援队，分别位于广东省（中广核集团，深圳—阳江）、浙江省（中核集团，海盐）和山东省（中电投集团，烟台），建立了集团内和集团间应急支援机制，配备了相应的应急支援设备和人员，每支救援队伍初步具备了应对2台事故机组的支援能力，最终目标是达到同时对6台事故机组的支援能力。

图6-2给出了3支核快速支援队的位置分布，现有3支队伍可以覆盖

目前所有运行和在建机组。核快速支援队接到救援行动的指令后，依靠国家核应急救援输运力量安排人员和设备物资向事故核电厂输运，确保在24小时内，核快速支援队队员和支援物资到达核电厂场内应急响应指定的位置。

图6-2　核快速支援队选址位置图

第四节　保证随时可用

应急设施和设备可用性是应急准备维持的重要方面，核设施营运单位要定期检查、保养与清点，确保应急设施设备、器材、文件等处于良好的备用状态。为了保证应急设施设备处于随时可用状态，应急设施设备的管理遵循下列原则：

（1）所有应急设施及设备均指定专门单位并由专人负责管理和维护；

（2）定期对应急设备进行清点检查和测试，使其处于正常工作状态，并做记录；

（3）定期更新需要更换的物品（如应急食品、稳定碘等）或文件资料。

（编写：岳会国；校核：陈鹏）

「迷你锦囊」

如果事故核电厂自身应急能力在自然灾害等引起的事故下丧失或严重损毁，怎么办？

答：核电厂应急设施设备大都采取了防水淹、抗震等措施，一般自然灾害下可以保证不受损害。万一某些设施设备出现故障或有增援需求，则可以借助三支核电集团快速支援队进行支援；支援队接到救援行动的指令后，确保在24h内，到达指定的位置。

参考文献

[1]　环境保护部. 环境保护部（国家核安全局）核事故预案及实施程序[Z]. 2013.

[2]　IAEA. International Nuclear Event Scale [R]. 2008.

[3]　环境保护部. 环境保护部（国家核安全局）辐射事故预案及实施程序[Z]. 2013.

[4]　岳会国. 核事故应急准备与响应手册[M]. 北京：中国环境科学出版社, 2012.

[5]　国家核安全局. 福岛核事故后核电厂改进行动通用技术要求（试行）[Z]. 2011.

[6]　朱晓翔, 陆继根. 核应急辐射环境监测的准备和响应[J]. 环境监控与预警, 2011, 3(5):1-4.

[7]　ICRP. ICRP Main Commission task group established on initial lessons from the NPP accident in Japan [R]. ICRP Reference: 4818-9976-7305, 2011.

[8]　NRC. Appoints task force members and approves charter for review of agency's response to Japan nuclear event [R]. NRC Report No.11-062, 2011.

[9]　Chang-Kyu Kim, Jong-In Byun, Jeong-Suk Chae, et al. Radiological impact in Korea following the Fukushima nuclear accident [J]. Journal of Environmental Radioactivity, 2011,11-3.